Berkeley Physik Kurs

PHYSIK UND EXPERIMENT

Begleitheft

Berkeley Physik Kurs

Band 1   Mechanik

Band 2   Elektrizität und Magnetismus

Band 3   Schwingungen und Wellen

Band 4   Quantenphysik

Band 5   Statistische Physik

Band 6   Physik und Experiment

Vieweg Physik Reihe

Herausgegeben von Roman U. Sexl und Hans-Jörg Jodl

Band 1   Atome, Moleküle, Festkörper

Theodor Duenbostl   Roman U. Sexl

PHYSIK UND EXPERIMENT

Begleitheft

zu Band 6

Laborausrüstung · Antworten

2., durchgesehene Auflage

Springer Fachmedien Wiesbaden GmbH

CIP-Kurztitelaufnahme der Deutschen Bibliothek

Berkeley-Physik-Kurs. — Braunschweig; Wiesbaden: Vieweg
   Einheitssacht.: Berkeley physics course ⟨dt.⟩
   Teilw. mit Erscheinungsort Braunschweig

NE: EST

Bd. 6.
Begleith. → Duenbostl, Theodor: Physik und Experiment

Duenbostl, Theodor:
Physik und Experiment: Laborausrüstung, Antworten / Theodor Duenbostl; Roman U. Sexl. — 2., durchges. Aufl.
   (Berkeley-Physik-Kurs; Bd. 6, Begleith.)
   Begleith. zu: Portis, Alan M.: Physik und Experiment
   ISBN 978-3-528-18357-8   ISBN 978-3-663-13985-0 (eBook)
   DOI 10.1007/978-3-663-13985-0

NE: Sexl, Roman U.: Portis, Alan M.: Physik und Experiment

1. Auflage 1979
2., durchgesehene Auflage 1984

© Springer Fachmedien Wiesbaden 1984
Ursprünglich erschienen bei Friedr. Vieweg & Sohn Verlagsgesellschaft mbH, Braunschweig 1984

Alle Rechte an der deutschen Ausgabe vorbehalten

Die Vervielfältigung und Übertragung einzelner Textabschnitte, Zeichnungen oder Bilder, auch für Zwecke der Unterrichtsgestaltung, gestattet das Urheberrecht nur, wenn sie mit dem Verlag vorher vereinbart wurden. Im Einzelfall muß über die Zahlung einer Gebühr für die Nutzung fremden geistigen Eigentums entschieden werden. Das gilt für die Vervielfältigung durch alle Verfahren einschließlich Speicherung und jede Übertragung auf Papier, Transparente, Filme, Bänder, Platten und andere Medien.

Umschlaggestaltung: Peter Morys, Wolfenbüttel

ISBN 978-3-528-18357-8

Vorwort

Das Experiment ist ein wesentliches Merkmal nicht nur der naturwissenschaftlichen Forschung, sondern auch des Physikunterrichts in allen Schulen, einschließlich der Universitäten. „Physik und Experiment" soll dem zukünftigen Physiker eine Grundlage der für Schule, Industrie und Forschung unerläßlichen Experimentiertechnik bieten.

Die Experimente — aus dem Gesamtgebiet der Physik herausgegriffen — erstrecken sich von einfachen Grundversuchen bis zu anspruchsvollen Versuchsaufbauten. Gerade in der Auswahl mehrerer, von den sogenannten Standardversuchen abweichender Experimente liegt der große Vorteil dieses Buches.

Das vorliegende Manual soll dem Praktikumsbetreuer bei der Gerätezusammenstellung für ein Praktikum Hilfe leisten.

63 Versuche werden im Rahmen von 12 Kapiteln behandelt. Für jeden dieser Versuche findet sich im Manual eine Zusammenstellung des entsprechenden Gerätebedarfs. Die bei einem Großteil der Geräte angegebenen Nummern sind die jeweiligen Bestellnummern der Firma PHYWE.

Wird bei der Versuchsbeschreibung speziell auf Lehrmittel eingegangen, die im mitteleuropäischen Bereich nur von der Firma LEYBOLD problemlos beschafft werden können, so ist dies beim jeweiligen Gerätebedarf durch Angabe der Bestellnummer der Firma LEYBOLD angegeben (Mechanik, Atomphysik).

Wie vorhin erwähnt, weicht ein Teil der Versuche vom üblichen Experimentierprogramm etwas ab. Der wesentliche Vorteil liegt in der Tatsache, daß dem Lernenden die Möglichkeit geboten wird, Versuchsdurchführungen zu studieren, die nicht in jedem Experimentierbuch enthalten sind.

Für den Praktikumsbetreuer bedeutet dies jedoch, auf Experimentiergeräte amerikanischer Provenienz (z. B. RCA; an der entsprechenden Stelle angegeben) zurückzugreifen, bzw. vorwiegend industriell eingesetzte Geräte zu verwenden.

In jedem Fall ist aber bei dem entsprechenden Gerätebedarf auch Versuchsmaterial der Firmen LEYBOLD oder PHYWE angegeben, mit dem dann die entsprechenden Versuche größtenteils durchgeführt werden können (Akustik und Flüssigkeiten, Atomphysik, Kernphysik).

Weiters sei auf die Versuchsliteratur der Lehrmittelfirmen hingewiesen. Erwähnt sei auch der Lehrmittelkatalog der Firma HICKOK Teaching Systems, Woburn, Ma 01801, USA, der speziell in seinem Gerätebedarf auf die Originalausgabe des Berkeley Physik Kurses abgestimmt ist.

Im Anschluß an die Gerätelisten stehen die Antworten zu den nach jedem Versuch gestellten Fragen. Dadurch wird dem Studierenden eine optimale Möglichkeit der Selbstkontrolle seines Wissens geboten.

Wien, im Januar 1979

Theodor Duenbostl, Roman U. Sexl

Inhaltsverzeichnis

1. Mathematik und Statistik (MS) 1
2. Mechanik (M) 3
3. Elektronische Instrumente (EI) 7
4. Felder (F) 10
5. Elektronen und Felder (EF) 12
6. Elektrische Schaltkreise (ES) 15
7. Akustik und Flüssigkeiten (AF) 19
8. Mikrowellenoptik (MO) 22
9. Laser-Optik (LO) 24
10. Atomphysik (AP) 27
11. Kernphysik (KP) 30
12. Halbleiterelektronik (HE) 33

Beantwortung der Fragen 38

1. Mathematik und Statistik (MS)

MS 1   Ableitungen und Integrale

Materialbedarf:

1 Meß- und Experimentierwagen	11o6o.oo
1 Fahrbahn	116o6.oo
1 Zeitmarkengeber	116o7.oo
1 Schreibstreifen	116o7.o1
1 Stelltrafo mit Gleichrichter	117o9.93
Millimeterpapier	

Literatur:

Physik in Schülerversuchen, Ausgabe A/B, M 5.1, Verlag Phywe

MS 2   Trigonometrische und Exponentialfunktionen

Materialbedarf:

Halblogarithmisches Millimeterpapier
Doppeltlogarithmisches Millimeterpapier

MS 3   Der beladene Würfel

Materialbedarf:

1 Spielwürfel
1 beladener (gezinkter) Würfel
  In der Mittel einer Würfelfläche wird in den Würfel ein Loch gebohrt
  und der entstandene Hohlraum mit Blei (ev. auch Zinn) ausgefüllt.

MS 4   Wahrscheinlichkeitsverteilungen

Materialbedarf:

1 Satz von 3 Ikosaeder- (zwanzigflächige) Würfel

MS 5   Binomialverteilung

Materialbedarf:

1 Satz von 3 Ikosaeder- (zwanzigflächige) Würfel

MS 6   Normalverteilung

Materialverbrauch:

1 Satz von 3 Ikosaeder- (zwanzigflächige) Würfel

2. Mechanik (M)

M 1 Geschwindigkeit und Beschleunigung

Materialbedarf:

Leybold	1 Luftkissenbahn	337 50
	1 Haltemagnet	336 20
	1 Fahrbahngestell	337 45
	1 Gebläse	337 51
	1 Funkenschreiber	337 60
	1 Frequenzgeber	337 61
	1 Registrier-Metallpapier	337 39

Phywe	1 Luftkissenbhan	11202.88
	1 Gebläse	11206.93
	1 Druckschlauch	11205.o1
	1 Elektron.Digitalzähler	11748.93
	2 Lichtschranken	11201.o1
	1 Präzisionsrolle	11201.o2
	1 Verbindungsschnüre	

Literatur:
Physik in Demonstrationsversuchen, Ausgabe C/1 Verlag Phywe
"   "   Mechanik, Ausgabe A/B, Verlag Phywe

M 2 Stöße

Materialbedarf:

Leybold: wie M 1
Für unelastische Stöße werden Steckerstift mit Hülse und
Steckerstift mit Nadel (im Lieferumfang enthalten) verwendet.
Magnete, die an der Platte des Gleiters befestigt sind (beidseitig
beschichtetes Klebeband bzw. Gummiringe).

Phywe: 1 Luftkissenbahn   112o2.88
          1 Gebläse   112o6.93
          1 Druckschlauch   112o5.o1
          2 Elektron. Digitalzähler 11748.93
          2 Lichtschranken   112o1.o1
          Verbindungsschnüre

Für unelastische Stöße werden Röhrchen mit Stecker und Nadel mit Stecker (im Lieferumfang enthalten) verwendet.

Magnete, die am Halter mit Stecker befestigt sind,
          1 Halter mit Stecker   zusätzlich.

Literatur: wie M 1

M 3   Reibungskräfte

Materialbedarf:

Leybold   1 Luftkissenbahn   337 5o
          1 Haltemagnet   336 2o
          1 Fahrbahngestell   337 45
          1 Gebläse   337 51

Phywe   1 Luftkissenbahn   112o2.88
          1 Gebläse   112o6.93
          1 Druckschlauch   112o5.o1

4 Magnete (am Gleiter / Schlitten befestigbar)
Fensterkitt
Doppeltlogarithmisches Millimeterpapier

M 4   Periodische Bewegung

Materialbedarf:

Leybold	1 Luftkissenbahn	337 5o
	1 Haltemagnet	336 2o
	1 Fahrbahngestell	337 45
	1 Gebläse	337 51

Phywe	1 Luftkissenbahn	112o2.88
	1 Gebläse	112o6.93
	1 Druckschlauch	112o5.o1
	1 Präzisionsrolle	112o1.o2

Schnur
Dämpfungsmagnete
2 Schraubenfedern
1 Schraubenfeder (o,o5 N/m)

M 5   Erzwungene Schwingungen

Materialbedarf:

Leybold	1 Luftkissenbahn	337 5o
	1 Haltemagnet	336 2o
	1 Fahrbahngestell	337 45
	1 Gebläse	337 51

Phywe	1 Luftkissenbahn	112o2.88
	1 Gebläse	112o6.93
	1 Druckschlauch	112o5.o1
	1 Präzisionsrolle	112o1.o2

Schnur

Dämpfungsmagnete

3 Schraubenfedern

1 Motor mit Getriebe 12 V-   1161o.oo

1 Exzenterstift   11o3o.o4

   1 Stelltrafo mit Gleichrichter   117o9.93

   1 Vielfachmeßinstrument   o7o26.oo

Verbindungsschnüre

3. Elektronische Instrumente (EI)

EI 1   Spannungs-, Strom- und Widerstandsmessungen

Materialbedarf:

1 Stelltrafo mit Gleichrichter	11709.93
1 Vielfachmeßinstrument	07026.00
1 Röhrenvoltmeter	-
oder FET-Multimeter (ev. Oszillograph)	
1 Meßwiderstand 200 Ohm	06133.20
1 Meßwiderstand 2000 Ohm	06134.20
1 Glühlampe 6 V/0,5 A	35673.00
1 Lampenfassung E 10	06170.00
1 Meßwiderstand 50 Ohm	06132.50
1 Germanium-Diode (30 mA)	06821.00
1 Schaltkasten	06030.20

Verbindungsschnüre

Millimeterpapier

EI 2   Messung von Wechselspannung und Wechselstrom

Materialbedarf:

1 Tonfrequenzgenerator	11743.93
1 Vielfachmeßinstrument	07026.00
1 Röhrenvoltmeter	-
oder FET-Multimeter (ev. Oszillograph)	

Verbindungsschnüre

Doppeltlogarithmisches Millimeterpapier

El 3   Messung der Wellenform

Materialbedarf:

1 Oszillograph	11440.93
1 Stelltrafo mit Gleichrichter	11709.93
1 Schaltkasten	06030.20
1 Widerstand 22 Ohm	06062.22
1 " 47 Ohm	06062.47
1 " 100 Ohm	06063.10
1 " 470 Ohm	06063.47
1 " 10 Kiloohm	06065.10
1 " 100 Kiloohm	06066.10
1 Kondensator 200 pF	06073.20
1 Germanium-Diode (30 mA)	06821.00
Verbindungsschnüre	

El 4   Vergleich veränderlicher Spannungen

Materialbedarf:

1 Tonfrequenzgenerator	11743.93
1 Stelltrafo mit Gleichrichter	11709.93
1 Oszillograph	11440.93
1 Widerstand 10 Kiloohm	06065.10
1 " 100 "	06066.10
1 Kondensator 10 nF	06075.10
1 Germanium-Diode (30 mA)	06821.00
1 Schaltkasten	06030.20
Verbindungsschnüre	
Halblogarithmisches Millimeterpapier	

El 5   Wandler

Materialbedarf:

1 Tonfrequenzgernator	11743.93
1 Stelltrafo mit Gleichrichter	11709.93
1 Oszillograph	11440.93
1 Ultraschallwandler (für Fernsteuerung von TV-Geräten)	
1 Thermistor	-
1 Widerstand 10 Kiloohm	06065.10
2 Vielfachmeßinstrument	07026.00
(eines davon wird als Mikroamperemeter verwendet)	
1 Schaltkasten	06030.20
1 Wasserbad	33100.00
1 Dreibein	33302.00
1 Thermometer (- 10°C - 150°C)	38006.00
Verbindungsschnüre	

4. Felder (F)

F 1 Radialfelder

Materialbedarf:

Leitendes Papier (Teledeltospapier)
1 Unterlagsplatte (z.B. Kork)
1 Akkumulator 7,2 V   o749o.26
1 Röhrenvoltmeter (FET-Multimeter)   -
Silberfarbe
Krokodilklemmen
Verbindungsschnüre
Millimeterpapier

F 2 Gespiegelte Ladungen

Materialbedarf: wie F 1

F 3 Feldlinien und Reziprozität

Materialbedarf:

Leitendes Papier (Teledeltospapier)
1 Unterlagsplatte (z.B. Kork)
2 Akkumulator 7,2 V   o749o.26
1 Röhrenvoltmeter (FET-Multimeter)   -
Silberfarbe
Krokodilklemmen
Verbindungsschnüre

F 4   Das magnetische Feld

Materialbedarf:

1 Tonfrequenzgenerator	11743.93
1 Oszillograph	1144o.93
1 Vielfachmeßinstrument	o7o26.oo
2 Induktionsspulen 3oo Wdg.	11oo6.o1
1 " 1oo Wdg.	11oo6.o5
1 Feldspule 485 Wdg./m	11oo1.oo

Verbindungsschnüre
Millimeterpapier

F 5   Magnetische Kopplung

Materialbedarf: wie F 4

5. Elektronen und Felder (EF)

EF 1   Beschleunigung und Ablenkung von Elektronen

Materialbedarf:

1 Kathodenstrahlröhre 3 BP 1 A und entsprechendes Netzgerät	von RCA
1 45 Volt-Batterie (2stufig)	−
1 Potentiometer 25 Kiloohm	−
1 Braunsches Rohr	o6986.oo
1 Betriebsgerät für Braunsches Rohr	o6986.93
1 Fassung für Elektronenröhren	o6985.oo
1 Netzanschlußgerät	11725.93
1 Vielfachmeßinstrument	o7o26.oo

Verbindungsschnüre

Millimeterpapier

Analogieversuche:
Mit Hilfe einer gespannten Gummihaut und kleinen Stahl- oder Glaskugeln kann im Modell Teilchenstrahlung gezeigt werden.
Ebenso auch die Beschleunigung, Ablenkung und Fokusierung von Teilchen.

EF 2   Fokusierung und Intensitätsregelung

Materialbedarf:

1 Kathodenstrahlröhre 3 BP 1 A und entsprechendes Netzgerät	von RCA
1 45-V-Batterie (2stufig)	−
1 Potentiometer 25 Kiloohm	−
1 Braunsches Rohr	o6986.oo
1 Betriebsgerät für Braunsches Rohr	o6986.93
1 Fassung für Elektronenröhren	o6985.oo
1 Netzanschlußgerät	11725.93
1 Vielfachmeßinstrument	o7o26.oo

Verbindungsschnüre

EF 3 Magnetische Ablenkung von Elektronen

Materialbedarf:

1 Kathodenstrahlröhre 3 BP 1 A und entsprechendes Netzgerät	von RCA
1 45 V-Batterie (2stufig)	-
1 Potentiometer (25 Kiloohm)	-
1 Braunsches Rohr	o6986.oo
1 Betriebsgerät für Braunsches Rohr	o6986.93
1 Fassung für Elektronenröhren	o6985.oo
1 Netzanschlußgerät	11725.93
1 Vielfachmeßinstrument	o7o26.oo
1 Stelltrafo mit Gleichrichter	117o9.93
2 Spule 12oo Wdg.	o6515.oo
2 Spulenhalter	o6528.oo

Stativmaterial

Verbindungsschnüre

Analogieversuch:

Das Verhalten eines sehr dünnen stromführenden Drahtes in einem transversalen Magnetfeld kann die Wirkung magnetischer Kräfte veranschaulichen.
Weiters können Elektronenstrahlen mit Hilfe eines Fadenstrahlrohres gezeigt werden: z.B. Phywe o6959.oo und o696o.oo,
        Leybold 555 57.

EF 4   Schraubenbewegung von Elektronen

Materialbedarf:

Wie EF 3

Hinweis: Wenn die Braunsche Röhre nicht dem Erdfeld entsprechend justiert ist, kann es zu Verzeichnungen der zu beobachtenden Kurvenform kommen.
Zweckmäßig ist die Verwendung eines Fadenstrahlrohres zur Demonstration der spiralförmigen Elektronenbahnen, z.B. Phywe 06959.oo und 06960.oo, Leybold 555 57.

EF 5   Röhrendioden und die Magnetronbedingung

Materialbedarf:

1 Elektronenröhre YA 1ooo	o67o1.oo
1 Fassung für YA 1ooo auf Grundplatte	o67o1.o1
2 Stelltrafo mit Gleichrichter	117o9.93
1 Netzanschlußgerät	11725.93
1 Vielfachmeßinstrument	o7o26.oo
1 Spule 12oo Wdg.	o6515.oo

Verbindungsschnüre
Doppeltlogarithmisches Millimeterpapier

6. Elektrische Schaltkreise (ES)

ES 1   Schaltkreise mit Widerständen und Kondensatoren

Materialbedarf:

1 Tonfrequenzgenerator (Rechteck)	11743.93
1 Oszillograph	11440.93
1 Netzanschlußgerät	11725.93
1 Batterie 45 V	-
1 Vielfachmeßinstrument	07026.00
1 Schaltkasten	06030.20
1 Kondensator 0,5 µF	06080.50
1 Widerstand 22 Megaohm	06068.22
1 Wechselschalter	06030.00
Verbindungsschnüre	
1 Stoppuhr	

Analogieversuch:
Ein über eine zähe Ölschicht dahingleitender Spritzkrug oder Gegenstand mag Analogieverhalten zeigen.

ES 2   Schaltkreise mit Widerständen

Materialbedarf:

1 Tonfrequenzgenerator (Rechteck)	11743.93
1 Oszillograph	11440.93
1 Schaltkasten	06030.20
1 Widerstand 1 Kiloohm	06064.10
1 " 10 "	06065.10
1 " 100 "	06066.10
1 Spule 900 Wdg./24 mH	06512.00
1 Spule 300 Wdg./2 mH	06513.00
Verbindungsschnüre	

ES 3   LRC-Schaltkreise und Schwingungen

Materialbedarf:

1 Tonfrequenzgenerator (Rechteck)	11743.93
1 Oszillograph	11440.93
1 Vielfachmeßinstrument	07026.00
1 Schaltkasten	06030.20
1 Spule 300 Wdg./2 mH	06513.00
1 Spule 900 Wdg./24 mH	06512.00
1 Drehwiderstand 25 Kiloohm	-
1 Drehwiderstand 10 Kiloohm	06049.17
1 Kondensator 0,1 μF	06076.10
1 Kondensator 10 nF	06075.10
1 Kondensator 1 nF	06074.10
Verbindungsschnüre	

Analogieversuche:

Ein Massenstück an einer Feder oder einem Pendel mit variabler Dämpfung kann gezeigt werden.

Hinweis:
In der Regel soll das Ausgangssignal des Funktionsgenerators möglichst groß sein. Wenn jedoch der Innenwiderstand des Generators die Dämpfung wesentlich beeinflußt, so ist es zweckmäßig, einen niedrigeren (und damit niedrigeren Innenwiderstand) Spannungsbereich zu verwenden.
Bei niedrigeren Frequenzen wird der Wechselstromwiderstand der Spule den Gleichstromwiderstand um einen merkbaren Betrag übersteigen. Die Studenten mögen angeregt werden, den Einfluß des Skin-Effektes zu überlegen und ihre Messungen dahingehend zu beeinflussen.
Die Studenten, die mit der Fourier-Analyse vertraut sind, sollen dahingehend angeregt werden, die Kriterien der Dämpfung von dieser Sicht aus zu betrachten. Hinweise auf das Gibb'sche Phänomen sind angebracht.

ES 4   Gekoppelte Oszillatoren

Materialbedarf:

1 Tonfrequenzgenerator (Rechteck)	11743.93
1 Oszillograph	1144o.93
1 Schaltplatte	o6026.oo
1 Widerstand 22o Ohm	o6o63.22
1 Kondensator 5o pF	o6o72.5o
1 " 2oo pF	o6o73.2o
1 " 47o pF	o6o73.47
1 " 1 nF	o6o74.1o
1 Drehkondensator 5o pF	o6o49.1o
2 Spulen 9oo Wdg./24 mH	o6512.oo

ES 5   Periodische Strukturen und Leitungen

Materialbedarf:

1 Tonfrequenzgenerator (Rechteck)	11743.93
(besser Rechteckgenerator bis etwa 5 MHz)	
1 Oszillograph	1144o.93
1 Schaltplatte	o6026.oo
1 Widerstand 56o Ohm	-
3 " 5,6 Kiloohm	-
1 Drehwiderstand 1 Kiloohm	-
1 Kondensator 1oo pF	o6o73.1o
1 Verzögerungsleitung (15adrig, Totalverzögerungszeit 15 μs)	
1 Koaxialkabel 5o Ohm	-
Verbindungsschnüre	

Analogieversuche:
Hierzu eignen sich mehrere durch leichte Federn verbundene Massenkörper (Gleiter) auf einer Luftkissenfahrbahn.

Hinweis:

Die Kennwerte einer Verzögerungsleitung werden durch die Impedanz der Leitung und die Schaltfrequenz bestimmt.

Für eine Schaltfrequenz von 1 MHz und eine Impedanz von 5oo Ohm ergeben sich für L = 16o uH und C = 64o pF.

Die Verzögerung pro Ader beträgt $1/(\pi\psi)$ oder o,32 µs.

Für eine 15adrige Leitung beträgt die Totalverzögerungszeit 4,8 µs.

7. Akustik und Flüssigkeiten (AF)

AF 1 Akustische Wellen

Materialbedarf:

1 Tonfrequenzgenerator	11743.93
1 Oszillograph	11440.93
2 Schallkopf	03524.00
besser: 2 Ultraschallwandler	
1 Schaltkasten	06030.20
1 Widerstand 1o Kiloohm	06065.1o
Abgeschirmte Kabel	

AF 2   Schallbeugung und Interferenz

Materialbedarf:

1 Tonfrequenzgenerator	11743.93
1 Oszillograph	11440.93
2 Schallkopf	03524.00
besser: 2 Ultraschallwandler	
1 Schaltkasten	06030.20
1 Widerstand 1o Kiloohm	06065.1o
Abgeschirmte Kabel	
1 Einfachspalt	
1 Doppelspalt	
1 Platte	
1 Lineal	
1 Winkelmesser	

AF 3 Akustische Interferometrie

Materialbedarf:

2 Tonfrequenzgenerator	11743.93
1 Oszillograph	11440.93
4 Schallkopf	03524.oo
besser: 4 Ultraschallwandler	
2 Schaltplatte	06026.oo
2 Widerstand 1o Kiloohm	06065.1o
2 " 22 "	06065.22
2 Kondensator 1o nF	06075.1o
2 Germaniumdiode	06821.oo

Abgeschirmte Kabel

AF 4 Flüssigkeitsströmungen

Materialbedarf:

1 Wasserbehälter mit mehreren verschließbaren Öffnungen in verschiedener Höhe vom Boden des Behälters

1 Auffangbecken oder Abfluß

1 Stroboskop   21807.93

1 Stopuhr

Doppeltlogarithmisches Millimeterpapier

AF 5   Strömung viskoser Flüssigkeiten

Materialbedarf:

1 Wasserbehälter mit mehreren verschließbaren Öffnungen in verschiedener Höhe vom Boden des Behälters

1 Auffangbecken oder Abfluß

1 Glasrohr (15 cm lang)

1 Gummischlauch

1 Stopuhr

Halblogarithmisches Millimeterpapier

Methylzellulose

Kieselerde

Glas- oder Stahlkugel

AF 6   Turbulente Strömung

Materialbedarf:

1 Spielzeugfallschirm

8. Mikrowellenoptik (MO)

MO 1   Erzeugung und Reflexion von Mikrowellen

Materialbedarf:

1 Mikrowellensender mit Klystron	06860.88
1 Mikrowellen-Richtempfänger	06861.00
1 Mikrowellen-Netzgerät	11740.93
1 Polarisationsgitter	06866.00
1 NF-Verstärker	11741.93
1 Oszillograph	11440.93
1 Vielfachmeßinstrument	07026.00
1 Holzplatte	
Stativmaterial	

MO 2   Interferenz und Beugung

Materialbedarf:

1 Mikrowellensender mit Klystron	06860.88
1 Mikrowellen-Richtempfänger	06861.00
1 Mikrowellen-Netzgerät	11740.93
1 NF-Verstärker	11741.93
1 Vielfachmeßinstrument	07026.00
2 Schirm, Metall, 300 x 300 mm	08062.00
1 Reflektorblech	06865.00
1 Mikrowellen-Empfangsdipol	06863.00
1 Karton 400 x 400 mm	
Stativmaterial	
Aluminiumfolie	
Klebestoff	

Hinweis:
Die Studenten können angeregt werden, eine Zonenplatte selbst zu entwerfen und diese aus auf Karton aufgeklebter Alufolie selbst herzustellen.

MO 3   Das Klystron

Materialbedarf:

1 Mikrowellensender mit Klystron	06860.88
1 Mikrowellen-Richtempfänger	06861.oo
1 Mikrowellen-Netzgerät	11740.93
1 Oszillograph	11440.93
1 Schaltkasten	c6o3o.2o
1 Widerstand 1 Megaohm	o6067.1o
1 Kondensator 1o nF	o6o75.1o
Stativmaterial	

MO 4   Die Ausbreitung von Mikrowellen

Materialbedarf:

1 Mikrowellensender mit Klystron	06860.88
1 Mikrowellen-Richtempfänger	06861.oo
1 Mikrowellen-Netzgerät	11740.93
2 Polarisationsgitter	06866.oo
1 NF-Verstärker	11741.93
1 Vielfachmeßinstrument	o7o26.oo
4 Schirm, Metall 3oo x 3oo mm	08062.oo
Stativmaterial	

Hinweis:
Es ist möglich, den Klystron-Anodenstrom als Indikator für die Interferenz zwischen ausgesandter Welle und zum Klystron zurückreflektierter Welle zu verwenden. Die periodische Änderung des Anodenstromes erfolgt mit der Frequenz auf Grund der Dopplerverschiebung.

9. Laser-Optik (LO)

LO 1   Reflexion und Brechung von Licht

Materialbedarf:

1 Helium-Neon-Laser	08174.93
1 Optische Bank mit Reitern	-
1 Glasplatte d = 2o mm	08302.00
1 Acrylglasplatte	-
1 Optische Scheibe	08300.**88**
1 Modellkörper, gleichschenkelig, rechtwinkelig	08304.00
1 " plankonkav	-
1 " plankonvex	-

Millimeterpapier

LO 2   Polarisation von Licht

Materialbedarf:

1 Helium-Neon-Laser	08174.93
1 Optische Bank mit Reitern	-
3 Polarisationsfilter auf Stiel	08610.00
1 Glasplatte (drehbar gelagert)	-
2 $\lambda/4$ Plättchen	08664.00
2 Universalhalter für $\lambda/4$ Plättchen	08010.00

Wachspapier

LO 3   Beugung von Licht

Materialbedarf:

1 Helium-Neon-Laser	08174.93
1 Optische Bank mit Reitern	-
1 Scheibenhalter	08081.00
1 Blende mit Mehrfachspalten	08577.01
1 Blende mit Beugungsobjekten	08577.02
1 Blende mit Spalt und Steg	08571.00
1 Blende mit Doppelspalt	08527.00
1 Gitter 8 Striche pro mm	08534.00
1 Gitter 10 Striche/mm	08540.00
1 Gitter 50 Striche /mm	08543.00
1 Gitter 570 Striche /mm (Rowland)	08546.00

LO 4   Interferenz von Licht

Materialbedarf:

1 Helium-Neon-Laser	08174.93
1 Optische Bank mit Reitern	-
1 Michelson-Interferometer	08557.00
2 $\lambda/4$ Plättchen	08664.00
2 Universalhalter für $\lambda/4$ Plättchen	08010.00
1 Schirm, Metall	08062.00
2 Polarisationsfilter auf Stiel	08610.00
2 " 30 x 30 mm	-

LO 5   Holographie

Materialbedarf:

1 Helium-Neon-Laser   o8174.93
1 Optische Bank mit Reitern   -
1 Hg-Höchstdrucklampe (CS 150 W)   o8143.oo
1 Vorschaltgerät hiezu   o817o.93
1 Hologramm   o8578.oo
1 Linsenhalter   o8o12.oo
1 Linse, f = - 50 mm   o8o26.o1
1 Blendenhalter   o8o4o.oo
1 Rotfilter   o8416.oo
1 Lineal
1 Taschenlampe
Karton

10. Atomphysik (AP)

AP 1   Atomspektren

Materialbedarf:

1 Helium-Neon-Laser	o8174.93
1 Hochspannungsgerät 7 kV	11729.93
1 Gitter 57o Striche /mm (Rowland)	o8546.oo
1 Scheibenhalter	o8o41.oo
1 Spektralröhre H_2	o6665.oo
1 " He	o6668.oo
1 " Ne	o6667.oo
1 Halter für Spektralröhren	o6674.oo
1 Abdeckrohr für Spektralröhren	o6675.oo

Maßstab 1ooo mm mit Markierungsschieber
Stativmaterial
Verbindungsschnüre

AP 2   Der photoelektrische Effekt

Materialbedarf:

1 Hg-Höchstdrucklampe (CS 15o W)	o8143.oo
1 Vorschaltgerät hierzu	o817o.93
1 Optische Bank mit Reitern	-
1 Satz von Interferenzfiltern (436 nm, 546 nm, 578 nm)	o8461.oo
1 Fotozelle auf Schaltplatte	o6776.oo
1 Linsenhalter	o8o12.oo
1 Akkumulator 7,2 V	o749o.26
1 NF-Verstärker	11741.93
1 Vielfachmeßinstrument	o7o26.oo

Stativmaterial
Millimeterpapier

Hinweis:

Das Verfahren der Messung des Vorwärts- und Rückwärtssättigungsstromes ist in der Praxis mit Problemen verbunden. Lesen Sie diesbezüglich die Arbeit von Mario Iona und die von ihm zitierten Arbeiten. Der Grund liegt meist darin, daß bei den handelsüblichen Fotozellen beim Bedampfen von Cäsium auch die Anode teilweise bedampft wird und daher lichtempfindlich reagiert.

Literatur:

Physik in Demonstrationsversuchen. Ausgabe C/2, Versuch A2.4/A3.1   Phywe

AP 3   Der Photomultiplier und das Photonenrauschen

Materialbedarf:

1 Photomultiplier Type 931 A mit Spannungsteiler		von RCA
1 Hg-Höchstdrucklampe (CS 15o W)	o8143.oo	
1 Vorschaltgerät hiezu	o817o.93	
2 Linsenhalter	o8o12.oo	
1 Satz von Interferenzfiltern	o8461.oo	
1 Irisblende	o8o45.oo	
1 Oszillograph	1144o.93	
1 Netzanschlußgerät	11725.93	
1 Hochspannungsgerät 7 kV	11729.93	
1 Widerstand 1o Kiloohm	o6o65.1o	
3 " 1 Megaohm	o6o67.1o	
1 Widerstand 4,7 Megaohm	o6o67.47	
1 Potentiometer 5 Megaohm	-	
1 Kondensator 2oo pF	o6o73.2o	
1 Schaltkasten	o6o3o.2o	
1 Schaltplatte	o6o26.oo	

Verbindungsschnüre

AP 4   Ionisierung durch Elektronen

Materialbedarf:

1	Tonfrequenzgenerator (Rechteck)	11743.93
1	Oszillograph	11440.93
1	Netzanschlußgerät	11725.93
2	Vielfachmeßinstrument	07026.00
1	Fotozelle Vakuum	06771.00
1	Fotozelle gasgefüllt	06770.00
1	Schaltkasten	06030.20
1	Widerstand 100 Kiloohm	06066.10

Verbindungsschnüre

AP 5   Elektronenbeugung

Materialbedarf:

1	Elektronenbeugungsröhre mit Fassung	06721.00
1	Hochspannungsgerät 24 kV	11730.93
1	Netzanschlußgerät	11725.93
1	Hochspannungsgerät 7 kV	11729.93
1	stat. Voltmeter 7,5 kV	11150.00
1	Vielfachmeßinstrument	07026.00
3	Verbindungsschnüre 50 kV	07367.00

Verbindungsschnüre

Maßstab 10 cm

Literatur:

PHYWE/Versuchseinheit Physik, Dualismus-Welle-Teilchen

11. Kernphysik (KP)

KP 1   Das Geiger-Müller-Zählrohr

Materialbedarf:

1 Oszillograph	11440.93
1 Impulsratenmesser	11745.93
1 Röhrenvoltmeter (FET-Multimeter)	-
1 Vielfachmeßinstrument	07026.00
1 Zählrohr Typ A	09025.11
1 Halter für Zählrohr	09024.01
1 Reiter für Präparate	09024.02
1 Aluminiumröhrchen	09024.04
1 Präparat Cs-137	09096.50
1 Schaltkasten	06030.20
1 Widerstand 1 Megaohm	06067.10
1 Kondensator 10 nF	06075.10
1 Kondensator 2,2 nF	06074.22
1 Abgeschirmtes Kabel BNC	-

Verbindungsschnüre

Hinweis:

Die für die Messung der Totzeit angegebene Ablenkzeit am Oszillographen von 1,5 ns wird von den meisten handelsüblichen Oszillographen mittlerer Preisklasse nicht erbracht. Sollte man trotz experimentellen Ausprobierens mit der Ablenkzeit von 500 ns/cm keine brauchbaren Ergebnisse erzielen, so muß dieser Versuch mit einem anderen Oszillographen durchgeführt werden.

KP 2   Radioaktiver Zerfall

Materialbedarf:

Wie KP 1

Millimeterpapier

KP 3   Der Szintillationszähler

Materialbedarf:

1 Photomultiplier Type 931 A mit Spannungsteiler	von RCA
1 Oszillograph	11440.93
1 Hochspannungsgerät 7 kV	11729.93
1 Netzanschlußgerät	11725.93
1 Szintillator: NaJ:Tl oder Csj:Tl oder CaF_2:Eu	
1 Präparat Tl-204	09033.25
1 Präparat Cs-137	09096.50
1 Widerstand 1 Megaohm	06067.10
1 " 4,7 Megaohm	06067.47
1 Potentiometer 5 Megaohm	-
1 Kondensator 10 nF	06075.10
1 Kondensator 0,1 µF	06076.10
1 Schaltplatte	06026.00
1 Schaltkasten	06030.20

Verbindungsschnüre

KP 4 Beta- und Gammaabsorption

Materialbedarf:

1 Impulsratenmesser	11745.93
1 Zählrohr Typ A	o9o25.o1
1 Präparat Tl-2o4	o9o35.25
1 Präparat Cs-137	o9o96.5o
1 Vielfachmeßinstrument	o7o26.oo
1 Halter für Zählrohr	o9o24.o1
1 Reiter für Präparate	o9o24.o2
1 Aluminiumröhrchen	o9o24.o4
1 Absorptionsmaterial, Blei	o9o23.o1
1 Absorptionsplatten für Beta-Strahlg.	o9o24.o3
1 Abgeschirmtes Kabel BNC	-

Verbindungsschnüre

Halblogarithmisches Millimeterpapier

KP 5 Neutronenaktivierung

Materialbedarf:

1 Neutronenquelle 7 mC	o9o8o.o2
1 Halter für Aktivierungsproben, 1 Silberzylinder im Lieferumfang der Neutronenquelle enthalten	
1 Indiumzylinder	o9o77.o1
1 Rhodiumzylinder	o9o77.o2
1 Impulsratenmesser	11745.93
1 Zählrohr Typ A	o9o25.o1
1 Halter für Zählrohr	o9o24.o1
1 Vielfachmeßinstrument	o7o26.oo
1 Abgeschirmtes Kabel BNC	-

Verbindungsschnüre

12. Halbleiterelektronik (HE)

HE 1   Halbleiterdioden

Materialbedarf:

1 Tonfrequenzgenerator (Rechteck)	11743.93
1 Netzgerät für Halbleiter	11705.93
1 Oszillograph	11440.93
1 Vielfachmeßinstrument	07026.00
1 Spule 900 Wdg./24 mH	06512.00
1 Widerstand 700 Ohm	-
1 Widerstand 100 Kiloohm	-
1 Germaniumdiode	-
1 Siliziumdiode	-
1 Varaktor-Kapazitäts-Diode	-

Verbindungsschnüre
1 Platine
Lötzeug
Flüssige Luft

Hinweis:
Bei der Schaltung nach Bild 12.7 muß der Funktionsgenerator   (S. 57)
erdfrei sein. Da dies bei den meisten Industriegeräten nicht
der Fall ist, wird die entsprechende Schaltung abgeändert
werden müssen.

HE 2   Tunneldioden und Kipposzillatoren

Materialbedarf:

1 Tonfrequenzgenerator (Rechteck)	11743.93
1 Netzgerät für Halbleiter	117o5.93
1 Netzanschlußgerät	11725.93
1 Oszillograph	1144o.93
1 Neonröhrchen	o6656.oo
1 Halter für Neonröhrchen	o6o49.16
1 Tunneldiode GE IN 372o (TD-5) oder entsprechendes Modell	
1 Schaltplatte	o6o26.oo
1 Widerstand 15o Ohm/1o W	-
1 Widerstand 2,7 Ohm	-
1 Widerstand 1o Ohm	o6o56.1o
1 Widerstand 1 Megaohm	o6o67.1o
Verbindungsschnüre	
1 Platine	
Lötzeug	

Analogieversuch:
Mechanische nichtharmonische Schwingungen können am Beispiel von Bimetallstreifen, Kettengliedern, Summer mit Unterbrecher, "trinkende Ente" und vieles andere gezeigt werden.

Hinweis:
Bei der Schaltung nach Bild 12.25 wird es nicht möglich sein, den Bereich der negativen Widerstandscharakteristik zu zeigen, wenn nicht speziell versucht wird, die Induktivität der Leitungen auf ein Minimum zu bringen.

HE 3   Der Transistor

Materialbedarf:

1 Tonfrequenzgenerator (Rechteck)	11743.93
1 Netzgerät für Halbleiter	11705.93
1 Oszillograph	11440.93
1 Vielfachmeßinstrument	07026.00
1 Transistorplatte	06041.00
1 Widerstand 100 Ohm	06063.10
1 " 1 Kiloohm	06064.10
1 " 100 "	06066.10
1 Drehwiderstand 500 Kiloohm	-
1 Transistor npn 2N1302 oder Gleichwertiges	
1 Transistor pnp 2N1303 " "	

Verbindungsschnüre,
Lötzeug

HE 4   Transistor - Verstärker

Materialbedarf:

1 Tonfrequenzgenerator (Rechteck)	11743.93
1 Netzgerät für Halbleiter	11705.93
1 Oszillograph	11440.93
2 Vielfachmeßinstrument	07026.00
1 Transistorplatte	06041.00
1 Widerstand 1,5 Kiloohm	-
1 " 100 Kiloohm	06066.10
1 " 470 "	06066.47
1 Drehwiderstand 500 Kiloohm	-
1 Transistor npn 2N1302 oder Gleichwertiges	
1 Transistor pnp 2N1303 " "	

Verbindungsschnüre
Lötzeug

HE 5   Positive Rückkopplung und Schwingung

Materialbedarf:

1	Tonfrequenzgenerator (Rechteck)	11743.93
1	Netzgerät für Halbleiter	11705.93
1	Oszillograph	11440.93
1	Vielfachmeßinstrument	07026.00
1	Transistorplatte	06041.00
1	Schaltplatte	06026.00
1	Spule 900 Wdg./24 mH	06512.00
1	Widerstand 1,5 Kiloohm	-
1	Drehwiderstand 5 Kiloohm	-
2	Kondensator 47 nF	06075.47
1	npn-Transistor 2N1302 oder Gleichwertiges	
	Verbindungsschnüre	
	Lötzeug	

Analogieversuche:

Der "Specht auf einem Stab" und ähnliches Spielzeug können als Beispiel für einen Schwingungsvorgang mit positiver Rückkopplung aufgefaßt werden. Begriffe, wie Resonanzfrequenz, Energiezufuhr und mechanische Verluste können daran gezeigt werden.

HE 6   Negative Rückkopplung

Materialbedarf:

1 Tonfrequenzgenerator (Rechteck)	11743.93
1 Netzgerät für Halbleiter	117o5.93
1 Oszillograph	1144o.93
1 Vielfachmeßinstrument	o7o26.oo
1 Transistorplatte	o6o41.oo
1 Schaltplatte	o6o26.oo
1 Spule 9oo Wdg./24 mH	o6512.oo
1 Widerstand 1,5 Kiloohm	-
1 " 67 Kiloohm	-
1 " 1oo "	o6o66.1o
1 " 47o "	o6o66.47
1 Drehwiderstand 5 "	-
1 Kondensator o,5 uF	o6o8o.5o
1 " 1o nF	o6o75.1o
1 npn-Transistor 2N13o2 oder Gleichwertiges	
1 pnp-Transistor 2N13o3 " "	
Verbindungsschnüre	
Lötzeug	

Beantwortung der Fragen

Zu Seite 5
1. Kleine Fehler von v machen sich auf der v-Kurve nicht bemerkbar. Bei der Berechnung der Beschleunigungswerte ist jedoch die Berechnung von Differenzen von v-Werten erforderlich, bei der die Fehler bedeutsam werden.
2. Die berechneten Geschwindigkeitswerte sind auch dann noch die korrekten Mittelwerte für aufeinanderfolgende Intervalle. Die berechneten Beschleunigungswerte sind jedoch ungenauer.
3. Weil die Beschleunigung mit der Zeit nur langsam abnimmt, überschätzt Gleichung (1.7) die Geschwindigkeitsänderungen. Da die Geschwindigkeit langsam abnimmt, überschätzt Gleichung (1.8) die Lageänderungen.

Zu Seite 10
1. Der Fehler von $\sin \theta$ ist für $\theta = 0,10$ weniger als 10^{-3} und nimmt mit zunehmendem θ zu.
2. $d(\sin ax)/dx = a \cos ax$.
3. $dy/dx = -y$ und $de^{-x}/dx = -e^{-x}$
4. Für $x = -\infty$.
5. Definitionsgemäß gilt $e^{\ln u} = u$. Ferner ist $\ln(e^u)$ die Potenz, zu der e erhoben werden muß, um e^u zu erhalten, daher gilt gilt $\ln(e^u) = u$.
6. Nein. Eine Änderung der Basis entspricht einer Multiplikation jedes Logarithmus mit einem konstanten numerischen Faktor. Eine Basisänderung entspricht also nur einer Veränderung des Maßstabes des Logarithmenpapiers.

Zu Seite 13
1. Der Würfel muß jedenfalls auf einer seiner Seiten zur Ruhe kommen. Daher muß die Summe aller Wahrscheinlichkeiten stets 1 ergeben.
2. Es ist keine sichere Aussage möglich, da die Wahrscheinlichkeit für 54mal Kopf fast genauso groß ist (75%) wie für 50mal Kopf. Die Frage wird am besten mit Hilfe der Binomialverteilung beantwortet, die im Experiment MS-5 behandelt wird.
3. Es wäre tatsächlich korrekt, $\nu = 5$ zu wählen, doch ist der Unterschied praktisch unwesentlich.

4. Die Differenz wird im allgemeinen nicht gegen Null gehen, sondern sogar anwachsen. Dennoch kann das Verhältnis von Kopf zu Adler gegen Eins streben.
5. Dazu müssen in einer ersten Versuchsreihe vorläufige Werte für die Wahrscheinlichkeiten bestimmt werden, die als Grundlage einer statistischen Hypothese dienen können. Diese Hypothese wird dann mit Hilfe zusätzlicher Daten überprüft.

Zu Seite 16
1. Eine derartige Aussage ist nicht allzu exakt. Wahrscheinlich ist dabei gemeint, daß bei ähnlichen Wetterlagen bei 10% der früheren Fälle Regen eingetreten ist. Allerdings sind nie zwei meteorologische Situationen wirklich völlig gleich.
2. $(1/10)^5$; $(9/10)^5$; $5(1/10) \cdot (9/10)^4$
3. $\frac{1}{N} \sum (n-\bar{n}) = \frac{1}{N} \sum n - \bar{n} = \bar{n} - \bar{n} = 0$
4. Die häufigste Fehlerquelle ist ein unregelmäßiger Würfel.
9. $\bar{n} = 4,5$, $\sigma = 3,24$.

Zu Seite 20
3. 0,8865; 0,1075; 0,0060
4. Die Wahrscheinlichkeit für die Zurücklegung von d Häuserblöcken ist $P(d) = 2^{-N} \binom{N}{(N+d)/2}$. Die mittlere Entfernung beträgt $\bar{d} = \sum_{n=0}^{N/2} (N-2n) 2^{-N} \binom{N}{n}$.
5. Die Wahrscheinlichkeit für Fünflinge beträgt nach dieser Hypothese $2,5 \cdot 10^{-9}$.

Zu Seite 23
1. Die Normalverteilung ist in der Umgebung des Mittelwerts eine gute Näherung.
2. Der wahrscheinliche Fehler beträgt $0,6745\,\sigma$. Der am häufigsten auftretende Fehler ist aber gleich Null.
3. Die Varianz ist σ^2.
4. Das Ergebnis ist σ.

Zu Seite 26

1. Die Fehler sind $5 \cdot 10^{-5}$ und $5 \cdot 10^{-3}$.
2. Die Fehler betragen meist einige Zehntel Millimeter.
3. Die Reibung ist bei großen Geschwindigkeiten wichtig.
5. Sie sollte von der Masse fast unabhängig sein. Sie nimmt jedoch manchmal mit der Masse etwas zu, da die Dicke der Luftschicht dann kleiner ist.
6. $a = g \dfrac{m - M \sin \alpha}{m + M}$, also $a = 0$ für $\alpha = \arcsin(m/M)$. Falls m bekannt ist, kann man daraus M bestimmen. Die Methode hat den Vorteil, Reibungseffekte zu eliminieren.

Zu Seite 29

1. Der Impuls ist erhalten, da keine äußeren Kräfte auftreten. Die kinetische Energie wird bei dem Stoß größer und der Wiederherstellungskoeffizient ist größer als Eins.
2. Es ist nicht erforderlich, daß die Federkräfte der Entfernung proportional sind. Die Kräfte müssen jedoch reversibel sein, also beim Zusammendrücken und beim Entspannen der Feder übereinstimmen.
3. Die Reibung verkleinert den Impuls des Systems, da sie eine äußere Kraft darstellt.

Zu Seite 32

1. Die Wirbelströme sind proportional zum Magnetfeld. Die Kraft auf den Strom ist proportional zum Produkt aus Strom und Magnetfeld und nimmt daher mit dem Quadrat des Magnetfeldes zu.
2. In der Zeit m/b nimmt die Geschwindigkeit des Gleiters auf den e-ten Teil ab.
3. Energieverlust in den Puffern wurde vernachlässigt. Gleichung (2.24) gilt nur, wenn die Reibungseffekte sehr klein sind.
4. Der Wiederherstellungskoeffizient ist bei hohen Geschwindigkeiten am größten. Kitt ist bei großen verformenden Kräften fast elastisch.

5. Die Reibungskraft sollte mit der Masse geringfügig zunehmen, da die Luftschicht unter dem Gleiter dünner wird.
6. $v_f = (m\, g \sin \alpha)/6$
7. Diese Frage ist experimentell nicht einfach zu beantworten, da nur der Gesamteffekt gemessen wird. Der Einfluß der umgebenden Luft ist jedoch zumeist klein, da die Grenzschichten dick sind.

Zu Seite 36
1. In beiden Fällen ist die Auslenkung aus der Gleichgewichtslage eine harmonische (sinusförmige) Funktion der Zeit.
2. Da beide Federn ständig unter Spannung sind, vermeidet man das Abknicken komprimierter Federn.
3. Die Federkonstante verdoppelt sich, da der gleichen Auslenkung nunmehr eine doppelt so große relative Dehnung der Feder entspricht.
4. Die Federkonstanten sind $k_o/2$ und $2k_o$.
6. Es handelt sich um die träge Masse.
7. Die Masse der Federn verringert die Frequenz, da sie die Masse erhöht, die durch die Feder bewegt werden muß. Die Korrektur ist von der Größenordnung von (Federmasse/Gleitermasse).
8. Bei antisymmetrischen Schwingungen, da in diesem Fall die gesamte Mittelfeder in Bewegung ist.

Zu Seite 39
1. Der Reibungswiderstand und der Spulenwiderstand hängen nichtlinear von der Spannung ab.
2. Eine Minimalspannung ist erforderlich, damit der Motor anläuft.
3. Beim "Einschwingvorgang" überlagern sich erzwungene und freie Schwingungen des Gleiters.
7. Die antisymmetrische Schwingung hat geringere Frequenz, und entsprechend geringere Reibungskräfte treten auf. Ihre Amplitude wird daher höher sein.

Zu Seite 44

2. Bei einer Spannung 100 V beträgt der Strom durch das Meßinstrument etwa 10^{-5} A und ist daher im Vergleich zum Strom durch den Widerstand vernachlässigbar. Dies wäre bei einem Billiggerät nicht mehr der Fall.
4. Die Spannungen unterscheiden sich etwa um einen Faktor 10^5.
5. Nein, da der Widerstand des Glühdrates mit steigender Temperatur zunimmt.
6. Er gibt den Anstieg der Kurve bei kleiner Spannung an.

Zu Seite 50

1. Rechteckspannung: $U_{eff} = V_o/\sqrt{2}$ $\quad \bar{U} = V_o/2$

   Sägezahnspannung: $U_{eff} = V_o/\sqrt{3}$ $\quad \bar{U} = V_o/2$
2. Multiplizieren Sie die Skalenablesungen mit $0{,}637 : \sqrt{2} = 0{,}9$.
3. Zur Unterscheidung dieser Effekte sind weitere Informationen erforderlich, die z.B. aus der Betriebsanleitung entnommen werden können.
4. 3 db pro Oktave
5. Üblicherweise kann der Widerstand des Voltmeters bei dieser Messung als unendlich betrachtet werden. Falls dies nicht der Fall ist, mißt man die Ausgangsspannung für verschiedene Arbeitswiderstände.

Zu Seite 59

1. 0,707V; 1,000 V
3. Der Oszillograph liefert die vollständige Wellenform, die effektive Spannung wird aber mit dem Voltmeter genauer bestimmt.
4. Die Frequenz beträgt 360 Hz. Die Frequenzangaben an Oszillographen sind üblicherweise allerdings nur als ungefähre Anhaltspunkte geeignet.
5. Falls die Signale in Phase sind, so ergibt sich eine gerade Linie; für eine Phasenverschiebung von $\pi/2$ und gleiche Amplituden ein Kreis, in anderen Fällen eine Ellipse.
7. Dazu ist weitere Information erforderlich, die aus der Betriebsanleitung zu entnehmen ist.

8. Die Linearität der Sägezahnspannung ist hier gestört.
9. Es kommt zu einer Überlagerung der beiden Hälften der Sinusspannung.

Zu Seite 64

1. 500 Hz
2. Durch die relative Phase.
6. Die Richtung der Hauptachse hängt nicht von der Phase ab, falls die beiden Amplituden gleich sind.

Zu Seite 67

1. Der Ohm'sche Widerstandsanteil der Impedanz nimmt zu, da die akustische Abstrahlung Energieverluste bewirkt.
2. Die Linearität überprüft man durch Anlegen einer sinusförmigen Spannung. Bei nichtlinearen Effekten treten Vielfache der Eingangsfrequenz im Ausgang auf.
3. 1,25 cm
6. Stabilität, geringe Größe, hohe Genauigkeit und Ablesung in beliebiger Entfernung sind die Vorteile des Thermistors, sein Nachteil ist die Notwendigkeit einer Energiequelle.

Zu Seite 70

2. Dies ist prinzipiell nicht möglich.
3. Nein, da kein Strom quer zu diesen Linien fließt.
4. Nein, da diese Kreise Äquipotentiallinien sind.
5. Ein Schnitt entspricht immer einer Feldlinie, eine leitende Linie einer Äquipotentiallinie.
7. Keine Veränderung.

Zu Seite 72

1. Nein
2. Die Linienladungen werden durch zwei kleine Kreise dargestellt, die mit dem gleichen Pol einer Batterie verbunden sind. Der andere

Pol wird mit einem sehr großen Kreis, der die beiden kleinen Kreise umschließt, verbunden.
4. Drei Bildladungen werden in die Position der drei Spiegelbilder der ursprünglichen Ladung gebracht.

Zu Seite 75
1. Damit der Elektronenstrahl bei großer Ablenkung nicht auf die Platten auftrifft.
2. In diesem Fall existieren Äquipotentialflächen und keine Linien.
3. Dies bestimmt man am einfachsten experimentell, wobei eine Abnahme von rund 30% erwartet wird.

Zu Seite 78
1. Die Spannung verdoppelt sich. Wird die Frequenz verändert, so sind Korrekturen erforderlich.
2. Der Ohm'sche Widerstand trägt kaum zur Impedanz bei.
3. Die endliche Ausdehnung der Suchspule läßt nur Messungen von Mittelwerten des Feldes zu.
4. Der kritische Wert für b tritt ein, wenn der Abstand der beiden Spulen gleich ihrem Radius ist.

Zu Seite 80
1. Der Kopplungsfaktor k gibt an, welcher Teil des Flusses durch die erste Spule auch durch die zweite Spule hindurchtritt.
2. Wenn der Ohm'sche Widerstand der Spulenbindungen nicht vernachlässigt werden kann, so tritt ein Spannungsabfall daran auf, und die Oszillographenspannung wird kleiner sein als die induzierte Spannung.

Zu Seite 87
1. Die Spannungsempfindlichkeit ist umgekehrt proportional zur Beschleunigungsspannung und kann aus (5.8) durch Division durch U_d berechnet werden.

2. Falls die Ablenkplatten die gleiche Form haben, sollten die Spannungsempfindlichkeiten übereinstimmen.
3. Sie verhindern Streufelder, die durch langsame Akkumulation von Elektronen auf den Ablenkplatten entstehen könnten.
4. $1,3 \cdot 10^7$ m/s; und $2 \cdot 10^{-8}$ s.
7. Dieser Einfluß ist vernachlässigbar klein.
8. Aus der Intensität des Strahls kann man den Abstand der Elektronen im Strahl berechnen. Die entsprechenden Coulomb-Kräfte können gegen die äußeren Kräfte vernachlässigt werden.

Zu Seite 95
1. Die Apertur der Elektrode G_1.
2. Für negative n haben v_1 und v_2 verschiedene Richtung. Dies entspricht einer Umkehr der Strahlrichtung.
3. Dies hat den Vorteil geringerer Fokussierungsspannungen.
4. Durch zwei engmaschige Drahtgitter mit hoher Potentialdifferenz. Die Elektronen können dann durch die Löcher der Gitter hindurchtreten.

Zu Seite 100
1. Das Vorzeichen der Beschleunigungsspannung und der Fokussierungsspannungen wäre umzukehren. Die Ablenkung des Strahles im magnetischen Feld würde sich ebenfalls umkehren.
2. Die Ablenkung ist proportional zu dieser Variablen.
3. Das Magnetfeld ist in jedem Punkt proportional zum Strom durch das Solenoid.
4. Das Erdmagnetfeld wird durch Stahlbetonbauten und durch Magnetfelder von Strömen gestört.
5. Siehe dazu das nächste Experiment.

Zu Seite 104
1. In die Zeichenebene hinein.
2. Die Feldveränderung beträgt etwa 50%. Verwendet man ein gemitteltes Feld, so beeinflußt dieser Effekt das Endergebnis nur um rund 20%.

4. Die Gesamtentfernung, die der Strahl im Magnetfeld zurücklegt, ist etwas größer als die Dicke des Solenoids.
5. Der Radius der Schraubenlinie ist proportional zum Ablenkpotential, ihre Steigung ist davon unabhängig.
6. Die Elektroden wirken abschirmend. Ihr Einfluß ist aber nur schwach, da sie nicht senkrecht zum Feld stehen.

Zu Seite 109
1. Nein
2. Nein, der Strom ist dann von der Spannung fast unabhängig.
3. Nein, da die Raumladung das Feld verändert.
4. Sie wirken als Spannungsteiler.
6. Nein, da nur die Gesamtspannung in das Ergebnis eingeht.
7. Dadurch würde das radiale elektrische Feld weniger homogen.
8. Die mittlere freie Weglänge der Elektronen muß wesentlich größer als die Ausdehnung der Röhre sein. Dazu ist ein Druck von etwa 10^{-7} bar erforderlich.

Zu Seite 121
2. Bild 6.15 zeigt eine derartige Anordnung.
3. Durch Messung der Ausgangsspannung als Funktion des Arbeitswiderstandes.
4. Die Phasenverschiebung beträgt $\pi/4$, und die Spannungen haben gleiche Amplitude.
8. Eine Figurenhälfte wäre heller als die andere.

Zu Seite 124
2. Bild 6.22 zeigt eine derartige Anordnung.
5. Die Phasenverschiebung beträgt dann weniger als $\pi/2$.
6. Die Ergebnisse bleiben unverändert, da dies nur einer Verschiebung des Ursprunges der Zeitskala entspricht.
7. $I(t) = (U_0/R)[1 - e^{-(R/L)t}]$.

Zu Seite 132

3. $\omega^2 = 1/LC - R^2/2L^2$, $R^2 = 2L/C$
4. Phasenverschiebung um π; Phasenverschiebung um $\pi/2$.
6. Für a würden sehr große Induktivitäten und Kondensatoren benötigt; bei b würden Streuinduktivitäten und Streukapazitäten der Leitungen das Ergebnis stark beeinflussen.

Zu Seite 138

1. Gleiche Auslenkungen zur Mitte bzw. gleiche Auslenkungen in dieselbe Richtung. Es gibt aber auch viele andere Möglichkeiten.
2. Jede Masse erreicht ihre Maximalamplitude während des Austauschvorganges zweimal, wobei das Vorzeichen alterniert.
4. Durch Einbau eines Widerstandes zwischen den beiden auseinanderliegenden Spulenenden in Bild 6.37.
5. Drei geradlinig angeordneten Massen, die durch zwei Federn verbunden sind. Die Normalfrequenz Null entspricht der geradlinigen Bewegung der Gesamtanordnung.
6. Drei hintereinander geschaltete Induktivitäten, deren Enden jeweils mit einer Platte eines Kondensators verbunden sind. Die vier entgegengesetzten Kondensatorplatten sollen ebenfalls verbunden sein.
7. Der Ohm'sche Widerstand senkt die Resonanzfrequenzen etwas ab.

Zu Seite 145

1. In beiden Fällen haben alle Impulse die gleiche Polarität. Nur wenn ein Endwiderstand groß und der andere klein ist, haben aufeinanderfolgende Impulse entgegengesetzte Polarität.
7. Die Zahl 60 ist der Näherungswert für den in (6.104) auftretenden Koeffizienten. Der genaue Wert weicht davon um 0,4% ab.
8. $U = U_o \, e^{-t/RC}$, der Anstieg des Impulses ist nicht vertikal.

Zu Seite 147

1. Bei 40 kHz, da die Kopplung üblicherweise durch magnetische Streufelder bewirkt wird und die induzierten Spannungen proportional zur Frequenz sind.
2. Aus den Gleichungen (7.1) und (7.2) kann man u eliminieren und T berechnen. Es ist proportional zu L^2. Beträgt die Meßgenauigkeit bei L etwa 0,2%, so ist die entsprechende Meßgenauigkeit für T 0,4% oder rund 1°C.
3. Da die Schallgeschwindigkeit mit der Temperatur steigt, nimmt auch die Frequenz entsprechend zu. Ein Temperaturanstieg um 30°C bewirkt einen Anstieg der Tonhöhe um einen Halbton.
4. Dieser Effekt ist weniger wichtig, da die Längenänderung der üblichen Legierungen bei einem Temperaturanstieg von 30°C weniger als 10^{-3} beträgt.
5. Wenn Verdichtungen und Verdünnungen so nahe beieinander liegen, daß die Wärmeleitfähigkeit des Gases ausreicht, um thermisches Gleichgewicht herzustellen. Dies verringert den effektiven Wert von γ annähernd auf 1.
6. In Wasserstoff ist die Schallgeschwindigkeit rund viermal größer als in Luft.
7. 1,40; 29.

Zu Seite 149

1. Nein, da bei der Grundschwingung eine kreisförmige Knotenlinie auftritt.
2. Der Wert von a muß zumindest eine halbe Wellenlänge betragen.
3. An einer starren Oberfläche tritt ein Verschiebungsknoten auf, dem ein Wellenbauch der Druckschwingungen entspricht. Deshalb ist der Druck in der reflektierten Welle gegenphasig zu dem der einfallenden Welle.
4. Nein, da es keine transversale Polarisation gibt.
5. Man kann dazu den gleichen Aufbau wie bei einem Michelson Interferometer verwenden, wobei starre Oberflächen als Spiegel dienen.

Zu Seite 152
1. Der Betrag der Amplitude der Einhüllenden hat während jedes Zyklus zwei Maxima, die den maximalen positiven und negativen Amplituden der Einhüllenden entsprechen.
2. Nein, aber nur bei gleichen Amplituden wird vollständige Auslöschung eintreten.
3. Die Lagen der Maxima und der Minima werden ausgetauscht.

Zu Seite 155
1. Die Volumänderung beträgt rund 10^{-5}.
2. Die Kräfte zwischen den polaren Wassermolekülen werden bei steigender Temperatur durch die Temperaturbewegung immer mehr gestört. Die Oberflächenspannung nimmt deshalb ab.
3. Weil die Viskosität und die Oberflächenspannung für heißes Wasser geringer sind als für kaltes Wasser.
4. Die Corioliskraft ist zu klein, um diesen Effekt zu erzeugen.
5. Einer Temperaturänderung von $5°C$ entspricht eine Veränderung der Oberflächenspannung um 1%. Der Effekt ist daher für das Experiment wahrscheinlich vernachlässigbar.

Zu Seite 159
1. Wegen der Viskosität ist eine große runde Röhre zu bevorzugen.
2. Die Blasengeschwindigkeit ist proportional zu a.
3. Bei bewegtem Gleiter steigt sie um einen Faktor 10 bis 100.

Zu Seite 161
2. Bei turbulenter Strömung kommt es vor allem auf die Größe des Objektes an. Bei laminarer Strömung ist auch seine Form wichtig.

Zu Seite 167

1. Sie werden schließlich von einer Elektrode absorbiert.
2. Die Bedeutung der Phasenbeziehungen, mit denen die Elektronen durch die Gitter hindurchtreten, wird oben diskutiert.
3. Eine Veränderung des Gitterabstandes ändert die Kapazität des Resonanzkreises.
4. Ja, siehe dazu Experiment MO-4.

Zu Seite 169

1. Da die Komponente von E parallel zum Spalt an den Spalträndern verschwinden muß, wird eine derartige Komponente sehr stark gedämpft. Das E-Feld soll daher senkrecht auf die Längsrichtung des Spaltes stehen.
3. Diese Unterscheidung ist auch bei Mikrowellen relevant. Auch hier tritt Fraunhofer-Beugung auf, wenn die einfallende Welle im wesentlichen als eben betrachtet werden kann. Fresnel-Beugung tritt auf, wenn die Mikrowellenquelle nahe bei dem Beugungsgitter steht.
4. Da die Welle bei den verschiedenen Spalten nicht gleichzeitig eintrifft, tritt eine zusätzliche Phasenverschiebung auf. Dadurch verdreht sich das Interferenzmuster.
5. Die Phasenbeziehungen stimmen in diesem Fall nicht mehr, sodaß das Interferenzmuster geschwächt oder ausgelöscht wird.
6. Die Gesamtentfernung zwischen Quelle und Bildpunkt sollte sich für benachbarte Zonen jeweils um eine halbe Wellenlänge unterscheiden. Daraus folgt $\sqrt{r_n^2 + d^2} + \sqrt{r_n^2 + \ell^2} - d - \ell = n\lambda/2$

Zu Seite 175

1. Dieser Effekt wird durch kleine Geschwindigkeitsunterschiede der Elektronen bewirkt.
2. Die Impedanz des Kondensators muß viel kleiner als $1M\Omega$ sein. Die Kippfrequenz muß daher größer als 1000 Hz sein.
3. Die Frequenz nimmt um einen Faktor 2 ab, die Wellenlänge um den gleichen Faktor zu.
4. Phasenverschiebung um T/2.
5. Rund 0,1A; 10^{-6}T.

Zu Seite 178

1. Die Parallelkomponente von E wird zwar klein sein, aber nicht exakt verschwinden.
2. Ein Wellenleiter, dessen Länge so angepaßt wird, daß er eine Phasenverschiebung um T/2 produziert.
3. Durch Hinzufügung einer weiteren Phasenverschiebung um T/2. Die beiden Komponenten werden dann entweder gegenphasig oder gleichphasig schwingen.
4. Durch Drehung des Detektorhorns und Beobachtung der Intensitätsvariationen.
5. Ein unpolarisierter Mikrowellenstrahl erfordert eine statistische Mischung verschiedener Polarisationszustände. Dazu ist eine große Anzahl von Quellen erforderlich.

Zu Seite 182

1. Für $n = 1$ sollte $a = 2d \sin\alpha$ sein.
3. Nein, da dafür $\alpha < 90°$ erforderlich wäre.
4. $n > 1,414$
6. Nein, da der relative Brechungsindex zu gering ist.

Zu Seite 187

1. Nur in Festkörpern treten transversale Schallwellen auf.
3. Nein
7. Mit einem $\lambda/2$-Blättchen; ja.

Zu Seite 190

1. Die Wellenlänge in (9.9) reduziert sich um einen Faktor, der dem Brechungsindex von Wasser entspricht. Entsprechende Änderungen treten auch im Beugungsbild auf.
2. Nein, da es zu Interferenzen kommt.
3. Die Lagen der Maxima und der Minima verschieben sich, da zusätzliche Phasenverschiebungen auftreten, die den Abstandsunterschieden der Spalte von der virtuellen Quelle entsprechen.

4. In diesem Fall tritt kein Interferenzmuster auf, da keine wohldefinierten Phasenbeziehungen zwischen den beiden Laserstrahlen existieren. Wird dagegen ein einzelner Laserstrahl mit einem halbdurchlässigen Spiegel aufgeteilt, so weisen die zwei entstehenden Strahlen wohldefinierte Phasenbeziehungen auf.
5. Dieses Licht ist nicht monochromatisch, und deshalb treten Interferenzmaxima für verschiedene Wellenlängen in verschiedenen Positionen auf. Dadurch tritt ein farbiges Interferenzmuster auf.
6. Ungefähr 0,2 mm.

Zu Seite 192
1. Es tritt keine komplette Auslöschung auf.
2. Die Linse verwandelt die ebene Welle in eine Kugelwelle, die einer virtuellen Punktquelle entspricht. Eine Verschiebung der Linse verändert die Lage dieser Punktquelle.
4. Ein rechtszirkular polarisierter Strahl verwandelt sich dabei in einen linkszirkular polarisierten Strahl.

Zu Seite 196
1. Die Winkel vergrößern sich um einen Faktor, der dem Verhältnis der Wellenlängen entspricht.
2. Das reelle Bild kann ohne Schwierigkeiten direkt gesehen werden.
3. Bei einer stereoskopischen Photographie kann das Objekt nur aus einer Richtung betrachtet werden, beim Hologramm können verschiedene Ansichten des Objektes gesehen werden.
4. Ja.

Zu Seite 200
1. Das Molekülspektrum enthält breite Banden und keine scharfen Linien. Diese Banden entsprechen der Anregung der Rotations- und der Vibrationsniveaus der Moleküle.
2. Die Dissoziationsenergie beträgt 4,7 eV und entspricht einer Wellenlänge von 260 nm.

3. Alle Energien sind neunmal größer als bei Wasserstoff. Die Serien, die bei n = 4 bis n = 8 enden, haben einige Linien im sichtbaren Bereich des Spektrums.
4. Die Strahlung wird in alle Richtungen emittiert, während die Laserstrahlung vorzugsweise in die Strahlrichtung ausgesendet wird.
5. Die Meßgenauigkeit der Winkelmessung ist größer.

Zu Seite 204
1. Ungefähr 620 nm.
2. Die Oberflächen mit großer Ausbeute sprechen auf Infrarotstrahlung nur schlecht an.
3. Die Vernachlässigung der Anodenemission führt auf Werte von h, die zu klein sind.
4. Die Oberflächeneigenschaften der Anode und der Kathode unterscheiden sich für verschiedene Spektrallinien.
6. Bei geringen Spannungen ist der Strom durch Raumladungen begrenzt. Einige der Elektronen kehren wieder zur Kathode zurück.
7. Unterschiedliche Raumladungsverteilungen und Ablösearbeiten können zu unterschiedlichen Stromverläufen führen.

Zu Seite 207
1. Das Rauschen wird dadurch nicht beeinflußt.
2. Einige Millivolt.
3. Ein Faktor 100 bis 1000.

Zu Seite 210
1. Die Sekundärionisation durch Elektroneneinfall ist unabhängig von der Energie der Photonen, welche die Primärionisation verursachten.
2. Es treten Oberflächeneffekte auf, die analog zur Ablösearbeit der Elektronen sind.
3. In diesem Fall können die Elektronen nicht genügend Energie zur Sekundärionisation gewinnen, und die Stufen in der Kennlinie verschwinden.

4. Thermische Anregung, Licht und andere ionisierte Strahlung.
6. Der Strom wird zumeist durch Raumladungseffekte begrenzt.

Zu Seite 213
1. Ungefähr 10^4 eV. Dies entspricht dem Bereich der Röntgenstrahlung.
2. Bei Zimmertemperatur etwa 0,45 nm.
3. Pulverisierter Graphit liefert ringförmige Beugungsmuster.
4. Die Ablösearbeit der Kathode ist üblicherweise klein im Vergleich zur Beschleunigungsspannung und kann vernachlässigt werden. Die Ablösearbeit des Targets muß berücksichtigt werden, falls die Beugung in größerer Tiefe unterhalb der Oberfläche stattfindet.
5. Bei sehr kleinen Energien, von der Größenordnung von 0,01 eV. Bei diesen Energien wären aber Wechselwirkungen mit anderen geladenen Teilchen sehr groß und die Experimente sind deshalb praktisch undurchführbar.

Zu Seite 218
1. Das Löschgas absorbiert Photonen, die sonst zu Sekundärionisation und zur Aufrechterhaltung der Entladung führen würden. Bei genügend hohen Spannungen können auch Elektronen Sekundärionisation hervorrufen. Dies wird vom Löschgas nicht verhindert.
2. Das Maximum des elektrischen Feldes liegt in der Nähe der Anode und seine Größe ist umgekehrt proportional zum Anodendurchmesser.
3. Beim Eintritt eines ionisierenden Teilchens in das Zählrohr sammeln sich Raumladungen in der Nähe der Anode an, und die Spannung sinkt auf den Minimalwert ab, der zur Aufrechterhaltung von Sekundärionisation erforderlich ist.

Zu Seite 221
1. Die Standardabweichung ist $\sqrt{a}$.
2. Die Wahrscheinlichkeit für das Auftreten von mehr als vier Standardabweichungen ist kleiner als 0,01 %.
3. $e^{-\bar{n}} n^{-2\bar{n}}/(2\bar{n})!$

Zu Seite 223

1. Fast gleich 1. Wesentlich größer.
2. Durch Betastrahlen, die in den Szintillationskristall eindringen. Der Kristall muß deshalb geeignet abgeschirmt werden.

Zu Seite 225

1. Betateilchen verlieren ihre Energie allmählich, während Gammastrahlen ihre Energie plötzlich abgeben.
2. Durch Messung der Reichweite.
3. Ebenfalls durch Reichweitenmessungen.

Zu Seite 228

1. Die Aktivität ist die Summe zweier Exponentialfunktionen. Dominiert einer dieser Terme, so wird die Zerfallskurve eine Gerade, aus deren Anstieg man die Halbwertszeiten bestimmen kann. Stimmen die beiden Konstanten fast überein, so kann die Trennung nicht ausgeführt werden.
2. An der Oberfläche wird der Neutronenfluß nur durch Neutronen hervorgerufen, die sich von der Oberfläche entfernen, während im Inneren der Fluß fast isotrop ist.
3. Bei Abnehmen der Zählrate werden Schwankungen immer bedeutender.
4. Mit Neutronenaktivierung können sogar kleinste Quantitäten von Spurenelementen gemessen werden.

Zu Seite 234

1. Die Entfernung der Elektronen und der Löcher darf nur einige Atomdurchmesser betragen, sie "finden" einander nicht sofort.
2. Bei hohen Spannungen kann das Feld ausreichen, um Elektron-Lochpaare zu bilden.
3. In der Nähe des Schmelzpunktes diffundieren die Verunreinigungen durch den Kristall und zerstören damit die Diode. Die maximale Leistung wird durch die Maximaltemperatur festgelegt.
4. Die Vorteile sind geringe Größe und mechanische Stabilität. Der Nachteil der Halbleiterdioden ist ein wenig scharfer Abfall bei negativen Spannungen.

Zu Seite 239

1. Prinzipiell könnte man dazu die Diode mit einem Netzgerät mit sehr kleinem inneren Widerstand verbinden, sodaß es keinen Serienwiderstand im Schaltkreis gibt. Praktisch würde man die Diode damit aber wahrscheinlich zerstören.
2. Dazu wäre ein Netzgerät erforderlich, bei dem die Veränderung der Spannung mit dem Strom wesentlich geringer ist als für die in Bild 12.16 gezeigte Charakteristik. Das Netzgerät müßte daher einen inneren Widerstand von der Größe von 100 MΩ haben.
3. Die Neonröhre benötigt etwa 10^{-3} s, um zu erlöschen. Dadurch ist die obere Frequenzgrenze festgelegt. Die Obergrenze für die Tunneldiode ist wesentlich höher und wird vor allem durch die Kapazität bestimmt.
4. Die Widerstände mit 150 Ω und 2,7 Ω bilden einen Spannungsteiler, der die Maximalspannung und den Maximalstrom begrenzt. Der 10 Ω Widerstand dient zur Messung des Stromes durch die Diode.
6. Durch Veränderung der Spannung an der dritten Elektrode kann die Zündspannung und damit die Frequenz variiert werden. Thyratrons werden als Sägezahn-Generatoren verwendet.

Zu Seite 243

2. Ein derartiges Meßgerät kann am Ausgangsteil verwendet werden, aber nicht am Eingang, da der Widerstand dort von der gleichen Größenordnung ist, wie der Innenwiderstand des Meßgerätes.
4. Die Maximaltemperatur liefert die Begrenzung.
6. Nein.

Zu Seite 250

1. Ungefähr 1,5 V; sonst wird eine Hälfte des Sinus nicht verstärkt.
3. Die Eingangsimpedanz ist ungefähr r_1, die Ausgangsimpedanz $1/y_o$.
5. Die Kollektorschaltung hat zumeist die größte Ausgangsimpedanz, die Basisschaltung die kleinste.
6. Die Basisschaltung hat zumeist die größte Ausgangsimpedanz, die Kollektorschaltung die kleinste.

Zu Seite 254

1. Bei Benützung eines pnp-Transistors müssen die Polarität der Batterie und die Anschlüsse des Rechteckgenerators ausgetauscht werden. Dadurch geht die gemeinsame Erdung des Oszillographen und des Rechteckgenerators verloren, was nicht wünschenswert ist.
2. Ja, aber ein induktiver Spannungsteiler ist üblicherweise teurer als ein kapazitiver Teiler.
3. Nein, die Kapazität muß nur ausreichen, um stabile Schwingungen hervorzurufen.
4. Ja.
5. Strom und Spannung haben im Vergleich zur üblichen Situation umgekehrtes Vorzeichen. Dadurch wird der negative Widerstand zur Energiequelle und kann Energieverluste in positiven Widerstand ausgleichen.
6. Ja, da $1/y_o \simeq 10^5 \Omega$
7. Die Maximalamplitude kann etwas größer sein als die Spannung am Emitter.

Zu Seite 260

1. Der Frequenzbereich wird verringert.
3. Negative Rückkopplung reduziert die Amplitude der harmonischen Verzerrungen.
4. $U(t) = U_o [\sin \omega t = \frac{1}{2} \sin 2\omega t + \frac{1}{3} \sin 3\omega t \ldots\ldots]$.
6. Ja, falls f hinreichend nahe bei 1 liegt.

MIX
Papier aus verantwortungsvollen Quellen
Paper from responsible sources
FSC® C105338

If you have any concerns about our products,
you can contact us on
ProductSafety@springernature.com

In case Publisher is established outside the EU,
the EU authorized representative is:
**Springer Nature Customer Service Center GmbH
Europaplatz 3, 69115 Heidelberg, Germany**

Printed by Libri Plureos GmbH
in Hamburg, Germany